は じ め に

　全国の農業委員会が直面している課題とは何でしょうか。それは、程度の差はありますが、地域の農地を耕す人が少なくなり、農地の確保と有効利用が困難になってきていることです。そして、その課題解決に向けて、農業委員会が取り組まなければならないのが「農地利用の最適化」です。

　「農地利用の最適化」とは、①担い手への農地利用の集積・集約化、②遊休農地の発生防止・解消、③新規参入の促進──の三つの取り組みを指します。これは、言い換えれば「今耕されている農地を、耕せるうちに、耕せる人へつないでいくこと」であり、そのためには、地域の農地の所有者等の意向を把握し、集落の話し合いなどで誰がどの農地を活用するか方向性をつけることが大切になります。

　農業経営基盤強化促進法等の改正に伴い、これまで取り組んできた「人・農地プラン」が令和5年4月以降は「地域計画」と名称を変えて同法に位置づけられました。

　農業委員・農地利用最適化推進委員は「地域計画」の達成に向けた調整役・推進役として大きな期待が寄せられており、その期待に応えるためには自らが行う業務についての知識の修得が必要です。

　このマニュアルは、「農地利用の最適化」の進め方を整理するとともに、農業委員会の基礎知識を盛り込んで、農業委員・推進委員向けに分かりやすく説明したものです。農業委員・推進委員はもとより、農業委員会関係者はこのマニュアルを参考に、農地利用の最適化に取り組んで頂ければ幸いです。

　令和5年5月

全国農業委員会ネットワーク機構
一般社団法人　全国農業会議所

3訂 農業委員・推進委員 活動マニュアル

I 農業委員会の基礎知識

II 農業委員会の活動

Ⅲ 「地域計画」の策定に向けた活動

I

農業委員会の基礎知識

Ⅰ 農業委員会の基礎知識

1 農業委員会組織とは

農業委員会等に関する法律（農業委員会法）に基づいて設置されている3段階の組織です。

①農業委員会（市町村に置かれる行政委員会）
②都道府県農業委員会ネットワーク機構（法律に基づいて都道府県知事の指定を受けた法人）
③全国農業委員会ネットワーク機構（法律に基づいて農林水産大臣の指定を受けた法人）

2 農業委員会とは

1）農業委員会の設置

市町村ごとに設置が義務付けられています。
※東京都の特別区、政令指定都市の区も同様です。

市町村又は農地の面積が著しく大きい市町村では……

市町村面積　24,000ha超
又は
農地面積　7,000ha超
→ 市町村内に2つ以上の農業委員会を置くことができます。

例外 農地が全くない市町村 → 農業委員会を置きません。

農地面積が著しく小さい市町村
（北海道800ha以下、都府県200ha以下） → 農業委員会を置かないことができます。

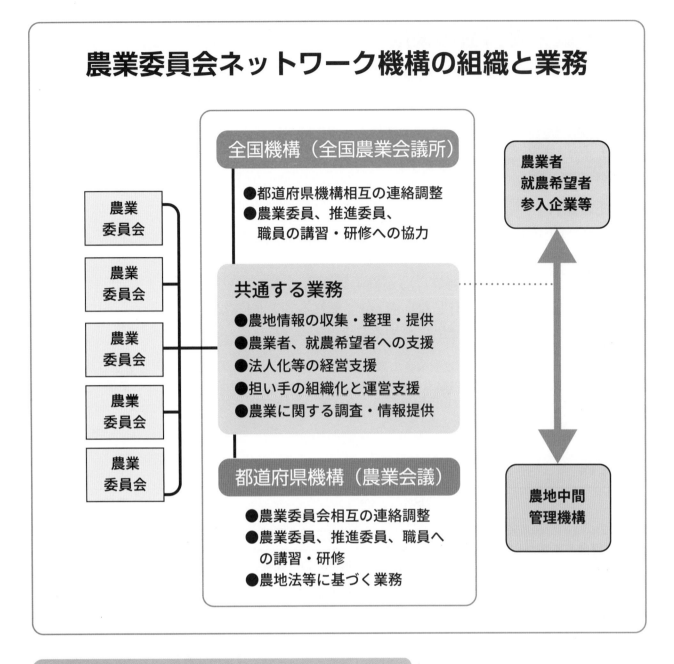

農業委員会ネットワーク機構の組織と業務

全国機構（全国農業会議所）
- ●都道府県機構相互の連絡調整
- ●農業委員、推進委員、職員の講習・研修への協力

共通する業務
- ●農地情報の収集・整理・提供
- ●農業者、就農希望者への支援
- ●法人化等の経営支援
- ●担い手の組織化と運営支援
- ●農業に関する調査・情報提供

都道府県機構（農業会議）
- ●農業委員会相互の連絡調整
- ●農業委員、推進委員、職員への講習・研修
- ●農地法等に基づく業務

農業委員会

農業者
就農希望者
参入企業等

農地中間管理機構

都道府県農業委員会ネットワーク機構とは

　農業委員会ネットワーク業務を行うため、都道府県知事の指定を受けた法人。
　都道府県農業会議が指定を受けており、農業委員会相互の連絡調整、農業委員、農地利用最適化推進委員、職員への講習・研修、管内農地情報の収集・整理・提供等の業務を行います。

全国農業委員会ネットワーク機構とは

　農業委員会ネットワーク業務を行うため、農林水産大臣の指定を受けた法人。
　一般社団法人全国農業会議所が指定を受けており、都道府県機構相互の連絡調整、農業委員、農地利用最適化推進委員、職員の講習・研修への協力、その他都道府県機構に対する支援等の業務を行います。

2）農業委員会の構成

農業委員会は、農業委員で組織するほか、農地利用最適化推進委員を置いています。農業委員と農地利用最適化推進委員は、特別職の地方公務員（非常勤）です。

農業委員 農業者等の推薦・募集の結果を尊重して、市町村長が議会の同意を得て任命します。

（1）任命要件

①農業に関する識見を有し、農業委員会の所掌事項に関し職務を適切に行うことができること

②原則として、認定農業者等（注）が過半数を占めること

③中立委員（利害関係を有しない者）が含まれること（1名以上）

④青年・女性の積極的な登用に努めること

（注）農業委員会の区域内の認定農業者の数が少ない等の場合は、農業委員の過半数を認定農業者等又は認定農業者等に準ずる者（過去に認定農業者等であった者、認定農業者の農業に従事し、経営参画する親族、認定新規就農者、集落営農組織の役員等）とすることができる例外規定が設けられています（農業委員会法施行規則第2条）。

（2）定数

区　　　　　分		委員定数の上限
(1) 次のいずれかの農業委員会 ①基準農業者数が1,100以下の農業委員会 ②農地面積が1,300ヘクタール以下の農業委員会	推進委員を委嘱する農業委員会	14人
	推進委員を委嘱しない農業委員会	27人
(2) (1)および(3)意外の農業委員会	推進委員を委嘱する農業委員会	19人
	推進委員を委嘱しない農業委員会	37人
(3) 基準農業者数が6,000を超え、かつ、農地面積が5,000ヘクタールを超える農業委員会	推進委員を委嘱する農業委員会	24人
	推進委員を委嘱しない農業委員会	47人

※定数は、農業委員会法施行令第5条で定める基準に従い、条例で定めます。

（3）任期

農業委員の任期は3年です。

（4）秘密保持義務

職務上知り得た秘密を漏らしてはなりません。農業委員を辞めた後も、その秘密を漏らしてはなりません（農業委員会法第14条）。

（5）代表者

農業委員から「互選」された会長（1名）が代表者です。

会長の役割	■事務の総括・整理 ■対外的な代表者 ■職員への指揮・命令 ■総会の招集、総会の議長（別段の定めがある場合を除く） ■議事について可否同数の場合における採決権 ■議事録の作成と公表

農地利用最適化推進委員 農業者等の推薦・募集の結果を尊重して、定められた区域ごとに農業委員会が委嘱します。

（1）委嘱要件

農地等の利用の最適化の推進に熱意と識見を有すること。

（2）定数

定数基準の「農地100ha に1人以下」（農業委員会法施行令第8条第1項）に従い、条例で定めます。

なお、農業委員会法施行令等の改正（令和4年4月施行）により、地理的条件その他の状況により農地利用最適化の推進が困難な場合（注）は、農業委員会法施行令第8条第1項で規定する数に、市町村が必要と認める数（同項で規定する数が上限）を加えて定めることができるようになりました（農業委員会法施行令第8条第2項）。

(注) 特定農山村地域に該当する場合又は都市計画区域を含み農地面積比率が15％未満等の場合
　　（農業委員会法施行規則第10条の2）

（3）任期

農業委員の任期満了の日までです。

（4）秘密保持義務

職務上知り得た秘密を漏らしてはなりません。推進委員を辞めた後も、その秘密を漏らしてはなりません（農業委員会法第24条）。

（5）総会又は部会への参画

推進委員は、農業委員会の総会や部会での議決権こそありませんが、総会や部会で、活動について報告を求められるほか、自らが担当する区域の「農地等の利用の最適化の推進」について、総会や部会に出席して意見を述べることが適当とされています。

農業委員と農地利用最適化推進委員の連携

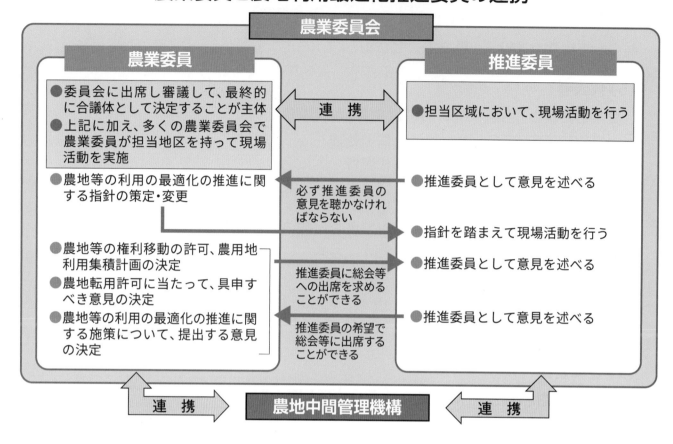

○**農業委員会が農地利用最適化推進委員を委嘱しないことができる市町村**

次のいずれかの市町村は、推進委員を委嘱しないことができます（農業委員会法第17条第1項ただし書）。

①農業委員会の必置義務が課されていない市町村

②市町村の区域内の農地の遊休農地率が1％以下、かつ、当該区域内の農地利用面積の担い手への集積率が70％以上という要件を満たす、農地利用の効率化・高度化が相当程度図られている市町村

農業委員・推進委員の選任状況

		平成28年 (旧制度)		平成30年 (新制度)		令和3年 (新制度)	
農業委員数①		**35,060人**		**23,277人**		**23,256人**	
	認定農業者	10,311人	(29.4%)	12,103人	(52.0%)	11,965人	(51.4%)
	中立委員	−		1,944人	(8.4%)	2,008人	(8.6%)
	女性	2,655人	(7.6%)	2,758人	(11.8%)	2,876人	(12.4%)
委員の年齢別構成		※					
	70歳代以上	7,421人	(20.9%)	4,071人	(17.5%)	6,090人	(26.2%)
	60歳代	20,414人	(57.4%)	12,922人	(55.5%)	11,295人	(48.6%)
	50歳代	6,415人	(18.0%)	4,375人	(18.8%)	3,818人	(16.4%)
	40歳代	1,122人	(3.2%)	1,418人	(6.1%)	1,591人	(6.8%)
	30歳代以下	201人	(0.6%)	491人	(2.1%)	462人	(2.0%)
農地利用最適化推進委員②		−		17,840人		17,722人	
① + ②	**委員数合計**	**35,060人**		**41,117人**		**40,978人**	

※ 全国農業会議所改選後調査(平成26年8月)より引用のため、農業者数(別調査からの引用)の合計 (35,060人)と異なる

3）農業委員会の組織

総 会 合議体である農業委員会の最高議決機関です。

農業委員会の組織

農業委員会
総 会
部 会

主な役割 《農業委員会法第6条に掲げる事項》

① 農地の「売買・貸借」の許可申請（農地法第3条）の可否の審議・決定

② 農地転用許可（農地法第4条・第5条）の申請書を都道府県知事に送付する際の当該許可申請に対する意見の決定

③ 市町村が「地域計画」を定め又は変更する際に行う、農業委員会に対する意見聴取への回答（農業経営基盤強化促進法第19条第6項）→農業委員会からの意見を聴いたうえで、市町村が「地域計画」を策定

④ 農地中間管理機構が農用地利用集積等促進計画を定める際に行う、農業委員会に対する意見聴取への回答（農地中間管理事業の推進に関する法律第18条第3項）→農地中間管理機構が計画を農業委員会等の意見を聴いたうえで決定し、都道府県知事が計画を認可・公告（同法第18条）

部 会

農業委員会は、その区域の一部に係る全ての事務を処理する部会を1つ又は2つ以上設置できます。部会の農業委員の構成は、農業委員会本体と同様に、認定農業者等の過半要件及び中立委員必置要件を満たさなければなりません。

主な役割

上記総会の役割のうち、農地の売買、貸借、転用に関わる事務が想定されます。
→部会の議決が農業委員会の決定となります。

総会と部会は、農業委員会の民主的な運営を図ろうとする趣旨から公開（農業委員会法第32条）し、議事録を公表（同法第33条）することとなっています。

3 農業委員会に期待される役割

1）農地の有効利用　農地を守り、生かすための取り組み

- 農地の権利移動等に関する事務を行っています。
- 農地パトロール（農地の利用状況調査）や遊休農地所有者への意向把握等により遊休農地の発生防止や解消を行っています。
- 「地域計画」の策定（目標地図の素案作成）の話し合いへの参加や、農地中間管理機構の利用促進に協力しています。
- 農地の利用調整やマッチングを行っています。
- 農地台帳と地図情報を整備、電子化し、農地の有効利用に役立てています。

2）担い手の育成　自立する農業経営者の支援の取り組み

- 複式農業簿記、青色申告、家族経営協定、農業経営の法人化など、経営の確立に向けた支援を行うとともに経営者の組織運動を推進しています。
- 新規就農希望者や農業法人への就職相談のほか、企業等の農業参入支援など、新たな農業の担い手確保対策を推進しています。
- 農業者の老後生活の安定のための農業者年金への加入を推進しています。

3）行政機関等への意見の提出　農業者や地域の声をくみ上げ、実現する取り組み

- 認定農業者をはじめとする地域の農業者との意見交換を通じて、農業・農村現場の意向をくみ上げ、農政に反映させるための意見の提出等を行っています。
- 農地利用の最適化の推進に関する施策について必要があると認めるときは意見をとりまとめて市町村等に提出しています。

４）地域に根ざした活動　食と農の国民理解、地産地消の取り組み

●農業振興や地域活性化に向けたさまざまな活動に
参画しています。
●耕作放棄地を活用した市民参加のイベント開催、
学校給食への地場産農産物の活用等の地産地消への
取り組み、学童農園等での指導など食農教育に取り組
んでいます。

５）農業に関する情報提供　農業者の経営と暮らしを応援する情報提供の取り組み

●全国農業新聞、全国農業図書、農業委員会だよ
りなどを通じて、農業者の経営と暮らしを応援
する的確な情報を提供しています。
●国の支援制度など農業経営に役立つ情報を紹介
しています。
●農業・農村の実態を的確に把握するため、農地
や農業経営に関する調査活動を行っています。

4 現場活動を円滑に進めるために

1）活動の心構え

（1）活動しやすい集落からはじめる

まずは、自分が住む出身集落などの訪問しやすい農家からはじめましょう。

（2）関係者と一緒に活動する

馴染みの薄い集落で訪問活動を行う際は、農会や自治会の役員、農業委員会事務局職員・市町村部局職員・農地中間管理機構役職員など、その集落とつながりのある人に協力を依頼し、必要に応じて同行してもらうなどしましょう。

（3）集落の集まりに参加する

農家などが集まる地域の会合等に呼ばれた際には積極的に参加しましょう。農地所有者の今後の意向などの有益な情報を得ることができるかもしれません。
※会議等の開催に関する情報は事務局や市町村農政担当課に聞いてみましょう。

（4）困った時は農業委員会事務局に相談する

農家から答えきれないことを質問された場合は、その場で無理して答えようとしたり、一人で解決したりしようとせずに、持ち帰って速やかに事務局と担当する機関に相談しましょう。

ポイント 新任の委員は名刺やチラシを用意しましょう

地域の農家等に顔と名前を覚えてもらうことが、今後の委員会活動を円滑に進める第一歩となります。

戸別訪問等の際に自らの名刺や顔写真の入ったチラシを配ったり、自治会回覧等で自己紹介を行うことは、顔や名前を覚えてもらういい方法となります。

また、顔や名前を覚えてもらうことは、こちらから情報収集するだけでなく地域の農家等から委員の方々へ情報が集まりやすくなります。

２）農会長など地域団体の役員と顔合わせ

　地域で活動するにあたり、農会や自治会など地域団体に協力してもらうことがたくさんあります。そこで、活動する前に地域での会合等に出席して農会や自治会などの地域団体の役員との顔合わせを行いましょう。

顔合わせの時に話すこと

（1）自分がこの集落の農業委員（農地利用最適化推進委員）であるということ

発言（例）

「この度、〇〇地区で農業委員（農地利用最適化推進委員）として活動することとなった〇〇です」

（2）農家の意向把握のために訪問活動を行うこと

発言（例）

「〇月末まで〇〇集落で農業をされているお宅を訪問して、将来の営農に対する意向を聞いて回る予定です」

（3）農地の現場確認のために周辺を見て回るということ

発言（例）

「特に規模縮小や離農を検討している農家の耕作する農地については、所在や面積、進入路・水路の有無等、営農条件を調査したいので周囲を巡回します」

（4）農地を貸したい・借りたいという情報や相談があれば随時自分まで連絡してほしいということ

発言（例）

「もしも、集落内に規模拡大を目指していたり、反対に規模縮小や離農を検討されていたりする農家の情報があれば、随時教えていただけませんでしょうか。貸してもらえる農地を探したり、農地を受けてくれる担い手を探したりするお手伝いをします」

農会長　　　　　　　　　　　　　　　　自治会役員

３）地域の農業者への相談対応

　農業委員・農地利用最適化推進委員は地域の農業者の代表として、「農地と担い手」に関わる全般の業務を進めていく中で、多種多様な相談活動を行ってきました。

　地域の農業者からの相談に応えるためには、適切な相談対応の姿勢が重要です。「相談のポイント」を押さえて、上手な対応を目指しましょう。

相談対応 4つのポイント

協力：一般社団法人 会議ファシリテーター普及協会（MFA）

ポイント1　"軽い世間話"から始める

　相談はとにかく硬い雰囲気になりやすい。「硬い雰囲気」は「事務的な雰囲気」となり、相談者が心に壁を作り、「要求の突きつけ」や「不平不満」を言う場になり、場合によると責められることになる。したがって、始めは"軽い世間話"をして、打ち解けた雰囲気ができてから本題に入るようにする。

ポイント2　「アドバイスは最後の手段」と心得る

　相談を受けるときは「アドバイスは最後の手段」と心得ておくことが大切。相談者が話をしたあと、間髪入れずに「それについては〇〇という制度があります」と、すぐにアドバイスをしてはいけない。すぐにアドバイスをされると、相談者は「私の気持ちをしっかり考えもしないで、話してくる人だなあ」と感じ、せっかくのアドバイスを受け入れなくなることがある。

ポイント3　アドバイスの前に「質問」して確認する

　アドバイスの前に（1）相談者の気持ち（2）状況を確認する。

　この二つのうち、より大切なことは「相談者の気持ちを確認する」ことだ。相談者は、解決策を聞きたいだけでなく、自分がどんなに困っているかという「気持ちを聞いてもらいたい」と思っている。その気持ちをしっかりと受け止めることが、相談者との信頼関係を作り、後の話がスムーズに進むようになる。そのために、「今のことについて、もう少し詳しく話してもらえないですか」と、あえて"掘り下げる質問"をすることが効果的だ。

ポイント4　アドバイスではなく「情報提供」を

　アドバイスをするときは「先生」になってはいけない。「私はいろいろ知っている」という姿勢ではなく、「いろいろ話を聞いて困っているということがよく分かりましたので、一緒に考えていきましょう」という姿勢が大切だ。そのためには、「情報提供をする」という姿勢で話をすること。「このような制度がありますよ」ではなく、「このような制度があるのですが、どうですかねえ？」という話し方をする。

相談の進め方の例

○○さん、こんにちは！ 今年の夏は暑いですね。お変わりなくお過ごしですか？　**ポイント1　まずは"軽い世間話"から始める**

梅雨が短くて心配だったけど、水不足も解消されてきて良かったよ。隣の△△さんも引退したし、私もそろそろこれからのことを考えないといけないなあ。

なにか困ったことがあったら、いつでも相談してくださいね。
ポイント2　「アドバイスは最後の手段」と心得る

ちょっと教えてほしいのだけど、私みたいな後継者がいない人は、引退後は農地をどうすればいいのかな？

お子さんは跡を継がないのですか。
引退する時期なども含めて、もう少し詳しくお話を伺ってもいいですか？
ポイント3　アドバイスの前に「質問」して確認する

子どもも自分の仕事を頑張っているからね。5年後くらいに引退したいと思っているんだ。農地はまとめてしっかり耕作してくれる人に預けられたらいいなと思っているんだけど……

農地バンクというものがあるので、活用できるかもしれません。また、都道府県の農業経営・就農支援センターにも新規就農希望者の情報がありますので、第三者継承も視野に入れて話を聞きに行くのも良いかもしれませんね。　**ポイント4　アドバイスではなく「情報提供」を**

農地バンクか！ 詳しく調べてみよう。第三者継承は考えたことがなかったけど、一度話を聞きにいくのも良いかもな。
教えてくれてどうもありがとう。また、なにかあったら相談させてもらうよ。

5 農業委員・推進委員として注意すべきこと

農業委員として注意すべきこと

総会・部会の運営

農地法等に基づく事務の公正・公平性、透明性をもった審議
[公正・公平性、透明性に欠けるケース]
・大半が農業委員会事務局によって処理され、農業委員の関与が不十分なケース
・農業委員が担当地区の案件にしか意見を言わないケース　ほか

議事参与の制限

自己又は同居の親族、配偶者に関する事項については議事参与が制限
[注意が必要なケース]
農業委員が不動産業を営み、関わっている案件　ほか

秘密保持義務

職務上知り得た秘密を漏らしてはならない。委員を辞めた後も同様
[例えば]
議決権行使又は現場活動や調査等を通じて知り得た、当該農業者の家族構成、経営実態、資産状況等

農業委員の失職等

罷免または失職
・職務上の義務違反などが認められると議会の同意を得て罷免(農業委員会法第11条第1項)①心身の故障のため職務の執行ができない場合、②秘密保持義務に違反した場合など
・①破産手続開始の決定を受けた場合、②禁錮以上の刑に処せられた場合は失職(農業委員会法第12条)

農地利用最適化推進委員として注意すべきこと

秘密保持義務

職務上知り得た秘密を漏らしてはならない。委員を辞めた後も同様
[例えば]
総会若しくは部会の会議又は現場活動や調査等を通じて知り得た、当該農業者の家族構成、経営実態、資産状況等

推進委員の失職

失職する場合
・職務上の義務違反などが認められると解嘱(農業委員会法第21条第1項)
・①破産手続開始の決定を受けた場合、②禁錮以上の刑に処せられた場合は失職(農業委員会法第22条)

Ⅱ

農業委員会の活動

Ⅱ 農業委員会の活動

1 農業委員会の業務

農業委員会の業務は大きく四つに分類されます。

1）農地の確保と有効利用（農業委員会法第6条第1項）

農業委員会は、農地法、基盤強化法、土地改良法、市民農園法、生産緑地法、特定農地貸付法、農振法等により、一部の業務で専属的な権限を持っています。代表的な業務が農地法の許認可業務などで、いわゆる法令に基づき審査・決定する業務が位置づけられています。そのため、「法令必須業務」とも言われてきました。

これらは農業委員会等に関する法律が昭和26年に制定されたとき以来の業務であり、平成27年の大改正でも変わらず現在まで規定されている、農業委員会の顔とも言うべき業務です。

2）農地等の利用の最適化（農業委員会法第6条第2項）

「農地利用最適化業務」と言われる平成27年の大改正で新たに法令必須業務として加えられた最重要業務です。

「農地利用の集積・集約化」「遊休農地の発生防止・解消」「新規参入の促進」の取り組みがこれにあたります。

3）農業の担い手の育成・確保と情報提供（農業委員会法第6条第3項）

農業経営の法人化の支援、簿記記帳や税務申告にあたって具体的な税制特例等についての助言、複式農業簿記や青色申告への取り組みの推進、農業者年金の加入推進、家族経営協定の推進などの業務です。全国農業新聞の普及や全国農業図書を活用した制度・施策の周知の取り組みも該当します。

4）農業者の代表として地域の課題解決への取り組み（農業委員会法第38条）

業務を通じて得られた知見をもとに必要な場合は関係行政機関等に意見を提出しなければならない業務が規定されています。

　また、これらの業務を支える取り組みとして農地台帳の情報を常に最新化することも重要です。「農業委員会サポートシステム」を活用するとともに、農林水産省が管理・運営する「ｅＭＡＦＦ農地ナビ（農林水産省地理情報共通管理システム）」を通じた公表が求められています。

農業委員会の業務

農地の確保と 有効利用	農地等の利用 の最適化	農業の担い手 の育成・確保 と情報提供	農業者の代表として 地域の課題解決への 取り組み
農業委員会法 第6条第1項	農業委員会法 第6条第2項	農業委員会法 第6条第3項	農業委員会法 第38条
・効率的な農地利用について農業者を代表して公正に審査する ・農用地利用集積等促進計画に対する意見 ・「地域計画」の策定、変更に対する意見 ・農地の利用状況調査（農地パトロール） ・遊休農地対策	・担い手への農地利用の集積・集約化、遊休農地の発生防止・解消、新規参入の促進 ・農地の出し手・受け手の意向把握や「地域計画」の策定に向けた地域の話し合い等への参加 ・新規就農・参入に向けた相談活動	・農業経営の合理化により地域農業の発展を目指す ・農業経営の法人化、複式簿記の記帳や青色申告の推進、農業者年金の加入推進、家族経営協定の推進 ・調査、情報提供活動	・農業者との意見交換等に取り組み、広く農業者の声をくみ上げ関係行政機関等へ意見の提出を実施 ・農地利用の最適化の推進に必要と認められる時は、その最適化推進、施策を関係行政機構等に提出

2 農地利用の最適化（農業委員会法 第6条第2項等業務）

1）農地利用の集積・集約化

（1）農地の集積から集約へ

　令和5年4月に施行された農業経営基盤強化促進法等の改正によって、これまで取り組んできた「**人・農地プラン**」は「**地域計画**」として**法定化**されました。

　そのため、農業委員会が農地の集積・集約化に取り組む際、まずは「地域計画」の策定に積極的に加わり、地域の実情を反映させていくことが大切になります。

　右図のように、「人・農地プラン」では、中心経営体に農地を集積していくこととしていましたが、「地域計画」では、それをさらに一歩進め、農業を担う者ごとに利用する農地を

人・農地プラン
・中心経営体（いわゆる「担い手」）に農地を集積していく将来方針

「地域計画」
・地域農業の将来の在り方の計画 ・農業を担う者（担い手＋多様な経営体＋受託を受けて農作業を行う者）ごとに利用する農地の地図（目標地図）

集約することになりました。「集約」という言葉が意味する通り、今後は分散している農地を面的に集め、農地の利用効率を向上させることが重要になります。

　「地域計画」を実現するためには、具体的にいつ、だれが、どの農地を、どのように担うのかを地域の協議の場を通してしっかり議論する必要があります。それを地図に落とし込んだものが「**目標地図**」です。

　農業委員会は、「地域計画」の策定や実現に非常に重要な役割を担うことになっています。具体的な進め方は「Ⅲ「地域計画」の策定に向けた活動」をご参照ください。

（2）農地中間管理事業の活用

　農地中間管理事業とは、知事が認可した公的機関である「**農地中間管理機構**」が、**農地を貸したい農家から農地を借り入れ、規模拡大を図る農家にまとめて転貸する仕組み**です。農地の出し手にとっては、賃料が確実に支払われる等のメリットがあります。受け手にとっても面的にまとまった農地を借り入れることでコスト低減につなげることができる等のメリットがあります。

　農業委員会は、「地域計画」の達成に向けて積極的に農地中間管理事業を活用することが求められています。

農地の貸し借りの流れ

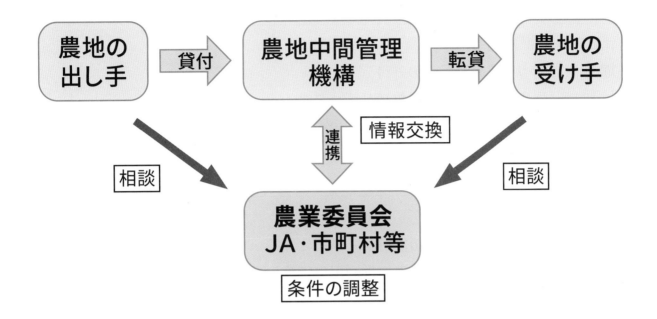

【農地中間管理機構とは】

　農地中間管理機構は、全都道府県に設置されている「信頼できる農地の中間的受け皿」です。知事が認可した公的機関であるため、**農地の出し手・受け手の双方ともが安心して活用することができます。**

《出し手のメリット》
・賃料が確実に支払われる
・期間終了後は確実に農地が戻る
・要件を満たせば「機構集積協力金」が受けられる

《受け手のメリット》
・面的にまとまった農地が借り入れ、コスト低減につなげられる
・個々の所有者と交渉する必要がない（賃借料の支払先も機構に一元化できる）
・農地を長期に安定的に借りられる

（3）農地の貸し借りの仕組み

農地の権利移動の手法が変わります。

【令和7年3月まで】
①農地法に基づく農業委員会の許可
②市町村が作成する農用地利用集積計画の公告
③農地中間管理機構が作成する農用地利用配分計画の公告

【令和7年4月以降】
①農地法に基づく農業委員会の許可
②農地中間管理機構が作成する農用地利用集積等促進計画の公告

令和5年4月に施行された農業経営基盤強化促進法等の改正により、**農用地利用集積計画と農用地利用配分計画が統合され、農地中間管理機構が作成する「農用地利用集積等促進計画」に一本化されました。**これにより、農地の権利移動は原則、農地法と農用地利用集積等促進計画の二つに集約されました。

改正法の施行日から2年を経過する日までの間（令和7年3月31日まで）は、農用地利用集積計画を作成することが可能ですが、「地域計画」の策定後は、その区域について農用地利用集積計画を作成することができなくなり、農地中間管理機構の農用地利用集積等促進計画に移行することとなりますので注意が必要です。

（4）農地を取得するための要件

農地法に基づく農地の権利取得には、個人・法人ともに主に以下の要件を満たす必要があります。

①**全部効率利用要件**
　もともとの経営農地と新たに借りる農地の全てを効率的に利用して耕作を行うこと。
②**農作業常時従事要件**
　原則年間150日以上農作業に従事すること。
③**地域との調和要件**
　水利調整に参加する、無農薬栽培の取り組みが行われている地域で農薬を使用しないなど、周辺の農地利用に支障がないこと。

2）遊休農地の発生防止・解消

(1) 遊休農地対策の「3ステップ」

　遊休農地対策は、農地パトロールで遊休農地を把握した後、法律で定められた「3ステップ」を通じて解消を図っていきます。遊休農地の所有者等が分かっている場合と、所有者等が誰なのか、あるいは居場所を探しても分からない場合の二つの対応の流れがあります。全過程を通して大事なことは、**「遊休農地を解消したい」という地域や経営体の意思**と、それを喚起して持続（耕作）させようとする農業委員会の働きかけです。

遊休農地対策の根拠

▪ **農業委員会法**

第6条第2項　「農地等として利用すべき土地の農業上の利用の確保」

「遊休農地の発生防止・解消」は「農地等の利用の最適化」の一つに位置づけられています。

▪ **農地法**

第2条の2（農地について権利を有する者の責務）

「農地について所有権又は賃借権その他の使用及び収益を目的とする権利を有する者は、当該農地の農業上の適正かつ効率的な利用を確保するようにしなければならない」

　農業委員会が農地のパトロールをしたり、農地の所有者や農地の権利を有する者に農地の活用を働きかけたりするのは、このように法律に根拠があることを理解するとともに、**農地の地権者等にもしっかり伝える必要**があります。

遊休農地対策の流れ（3ステップ）

| 利用状況調査で把握した遊休農地 | 耕作者不在、あるいは不在となることが確実な農地 |

ステップ 1
【利用意向調査】
農業委員会が農地所有者等に対して
① 農地中間管理機構に貸し付ける
② 自ら買い手または借り手を見つける
③ 自ら耕作する
等の意向を確認する。

ステップ 1
農業委員会が「過半の所有者等を確知できない旨」を公示

農地所有者等から申し出があった場合等

意向どおりに対応しない場合、意向を表明しない場合等

農業委員会が農地所有者等の意向をふまえ、必要なあっせんや利用関係を調整

農地所有者等から申し出がない場合等

農地所有者等から農地中間管理事業を利用する旨の意向表明があった場合

ステップ 2
農業委員会が「農地中間管理機構との協議」を勧告

農業委員会が農地中間管理機構に通知

協議ができない、調わない又はできない場合

農地中間管理機構が都道府県知事に裁定を申請

農地中間管理機構が都道府県知事に裁定を申請

農地中間管理機構が農地所有者等に対して、農地中間管理権の取得に関する協議の申し入れ

ステップ 3
都道府県知事が裁定・公告

ステップ 3
都道府県知事の裁定・公告

農地中間管理機構が農地中間管理権又は利用権を取得

第1ステップ　農業委員会が利用調整を図る段階
第2ステップ　農地中間管理機構が登場する段階
第3ステップ　農地中間管理機構を活用するための都道府県知事の裁定・公告の段階

（2）農地パトロール（利用状況調査）

　毎年8月頃に、管内の全ての農地で実施します。農地台帳と地図を用意し、原則として1筆ごとに目視で調査を行います。ただし、衛星写真やドローン等の無人航空機等により明らかに遊休農地に該当しないことが分かれば目視による調査は不要となります。

　前年の調査結果の地図も用意し、前年に把握した遊休農地が解消されているかに重点を置き、新たに遊休化した農地はないかも確認します。

　前年に遊休農地等として利用意向調査の対象となり、耕作再開や農地中間管理機構への貸出し意向を表明したにもかかわらず、6か月後もその表明どおりに農地が利用されていない場合は、農地所有者等に対して農地中間管理機構との協議勧告を行います。

遊休農地とは（農地法第32条）

●過去1年以上にわたり農作物の作付けが行われておらず、かつ、今後も農地所有者等による農地の維持管理（草刈り、耕起等）や農作物の栽培が行われる見込みがない農地（1号遊休農地）
●農作物の栽培は行われているが、周辺の同種の農地において通常行われる栽培方法と認められる利用の様態と比較して、その程度が著しく劣っている農地（2号遊休農地）

●作物が作付けされていなくても 維持管理がなされていれば 遊休農地ではありません

タブレットを使いましょう

　これまでは何枚もの農地図を持って調査を実施していましたが、タブレットを使って調査ができるようになりました。タブレットには便利な機能がたくさんあり、調査結果をこれまでより簡単に記録することができます。
利用状況調査には必ずタブレットを持っていき、有効に活用しましょう。

タブレットの便利な機能

現地確認アプリ	調査をしながら農地の状況を入力できます。入力した内容は事務局の確認を経て、農業委員会サポートシステムに反映されます。
GPS機能	現在の所在地が地図上に表示されます。圃場の特定が容易になり、調査の精度が上がります。
カメラ機能	カメラ撮影により、圃場の状況が簡単に記録できます。現地確認アプリを使えば、撮影した写真が農地情報として自動的に登録できます。

利用状況調査で確認する遊休農地等の区分

令和2年度までの利用状況調査では遊休農地等を四つに分類していましたが、1号遊休農地を荒れ具合に応じて二つに区分することで、5分類になっています。

遊休農地等の分類 令和3年度から荒れ具合に応じて区分	**参考** 荒廃農地調査 （廃止）	遊休農地等の判定事例
①1号遊休農地のうち、草刈り等で直ちに耕作可能となる農地（緑区分） ②1号遊休農地のうち、草刈り等では直ちに耕作することはできないが、基盤整備事業の実施など農業的利用を図るための条件整備が必要となる農地（黄区分）	「A分類」 と同義	**①緑区分** ・利用されておらず、荒廃度が低度（トラクター等で耕起すればすぐ利用可能）の農地 ・一年生の雑草繁茂、多年生雑草繁茂の状態 ・1m未満の低木が数本程度存在するもの **②黄区分** ・利用されておらず、荒廃度が中度（トラクター等のみですぐ耕起できない状態だが重機と併用なら可能）の農地 ・人の背丈以上に生育した雑木があるもの
③2号遊休農地 ④耕作者が不在又は不在となることが確実な農地（農地法第33条）		**⑤再生利用が困難な農地** ・利用されておらず、荒廃度が重度（重機を使用しなければ到底復旧できないまたは農地としての価値がない） ・林野化しており農地に復元するのがかなり困難なもの
⑤再生利用が困難な農地	「B分類」 と同義	

利用状況調査で発見した遊休農地等について確認する項目

遊休農地などの発生要因を分析し、対策に役立てるため、遊休農地等については1筆ごとに「現況」と「発生場所」を確認することとされています。

現況については、いわゆる条件不利地とされる傾斜地、不整形地などに該当するかを調査します。なお、傾斜度や面積など明確な基準は設けられていないため、遊休化の背景として該当するものを地域の状況等を踏まえて確認者の判断で選択します。

発生場所については、山間、平地など四つの分類から選択します。

1筆ごとに遊休農地等の「現況」「発生場所」を確認します

（1）遊休農地などの現況	（2）遊休農地などの発生場所
1. 傾斜地 2. 不整形地 3. 狭小地 4. 湿田 5. 囲繞地（接道がない） 6. 連坦が困難 7. その他（上記1〜6以外の事由で遊休農地などになりうる現況を有する） 8. 遊休農地などになりうる現況ではない	1. 山間（山の中の地域） 2. 平地（起伏が極めて小さく、ほとんど平らで広く低い地域） 3. 山麓（山と平地の境目、山のふもと） 4. 崖地（急斜面の土地）

（3）利用意向調査

　利用状況調査で把握した「遊休農地」と「耕作者が不在又は不在となることが確実な農地」を対象に、農業委員会が①農地中間管理機構に貸し付ける、②自ら買い手または借り手を見つける、③自ら耕作する等の意向を確認します。

調査の実施時期

　遊休農地等と判定した後、直ちに調査書を発出し、調査から1か月以内の範囲で回答期限を設定することとされています。

　また、回答期限までに回答が得られない所有者等に対しては、農地利用最適化推進委員等が直接訪問する等して確実に意向を確認することとされています。

※所有者等が転居や入院などにより回答が難しいこともあるので、家族に確認するなど、丁寧な対応が必要です。

新たに調査の対象となる農地

　農地中間管理事業規程に定める取得基準に適合しないとして、農業委員会及び当該農地の所有者等に通知された農地は、利用意向調査の対象外とされていましたが、農地法施行規則の改正により、令和3年度からは当該農地も利用意向調査の対象となりました。したがって、原則すべての遊休農地が対象となります。

（4）農地中間管理機構との協議勧告

　利用意向調査で「自分で耕作する」「自分で借り手等を探す」「農地中間管理機構に貸し付ける」と回答したにもかかわらず、表明した意思のとおりに農地が利用されていない場合は農地中間管理権の取得に関して農地中間管理機構と協議するように勧告します。

　この場合の現地確認と勧告の実施時期は、具体的には次のとおりになります。

利用意向調査を実施した農地について

①農業上の利用の増進を図る旨の意思表明があった場合は……
　意思表明から6か月経過後速やかに現地確認を実施するとともに、必要に応じて農地台帳等で権利設定等の状況を確認した上で、表明された意思のとおり農地利用がなされていない場合は、現地確認から1か月以内に勧告します。

②6か月を経過しても所有者等から意思の表明がない場合は……
　利用意向調査書の発出から6か月経過後速やかに現地確認を実施した上で、1か月以内に勧告します。

③農業上の利用を行う意思がない旨の表明があった場合は……
　意思表明から1か月以内に勧告します。

ただし、次の場合は除きます。

・農業振興地域内にない農地
・農地中間管理機構が借受基準に適合しないと通知してきた農地
・所有者等が農地中間管理機構に貸し付ける意思を表明し、それが継続している農地

※相続税、贈与税の納税猶予を受けている農地については、上記の場合であっても勧告を行います。

　勧告対象となった農地については、年末までに解消あるいは農地中間管理機構に貸し付け等されないと、固定資産税が1.8倍になります。

（5）農地利用調整・農地中間管理機構等への通知

　利用意向調査で農地所有者等の意思を確認後速やかに、その意思や「地域計画」等を勘案しつつ、農地の利用調整、あっせん等を行います。

　利用意向調査で農地所有者等から農地中間管理事業等を利用する意思の表明があったときは、農地中間管理機構等に通知します。

（6）再生利用が困難な農地の非農地判断

　利用状況調査の結果、既に森林の様相を呈するなど農業上の利用の増進を図ることが見込まれない農地（下のア又はイに該当するもの）があった場合は、当該調査後、直ちに（農業委員会の総会又は部会の議決等により）「農地」に該当しない旨判断し、農地台帳上の現況地目を「山林」「原野」等に変更します。

※違反転用された農地は、この非農地判断の対象とはなりません。また、基盤整備事業の実施等が計画されている土地も対象となりません。

> ア　その土地が森林の様相を呈しているなど農地に復元するための物理的な条件整備が著しく困難な場合
> イ　ア以外の場合であって、その土地の周囲の状況からみて、その土地を農地として復元しても継続して利用することができないと見込まれる場合

※非農地判断をした場合は、対象地の所有者等及び都道府県、市町村、法務局等の関係機関に対してその旨を通知します。
※非農地判断した土地について、一部の市町村では地方税法第381条第７項に基づき、市町村長が職権で一括して法務局に地目変更の申出を行い、法務局が地目変更登記を行っている事例があり、こうした手法の積極的な活用が望まれています。

3）新規参入の促進

（1）新規参入の促進

①新規就農の状況と支援措置

　平成27年をピークに減少傾向の新規就農者数は、令和3年が前年より1,450人減少し5万2,290人となりました。一方、農業法人などに雇用された「新規雇用就農者」は1,520人増加して1万1,570人となり、前年に引き続き1万人を上回りました。

　土地や資金を独自に調達して新たに農業を始めた「新規参入者」は3,830人で、250人増加しました。

　新規就農者の確保に力を入れる都道府県・市町村では、実際に就農するまでの研修の支援・助成、農地の賃貸料や機械・施設のリース料、家賃などの助成、費用や使用目的を限定しない助成金の交付など幅広い支援を行っています。

　全国新規就農相談センターのホームページ「農業をはじめる.JP」では、全国の都道府県・市町村で実施する受け入れ支援策を地域や支援分野で検索することができます。

　全国農業会議所が国の補助を受けて実施する「雇用就農資金」「就農準備資金」「経営開始資金」も有効な支援措置として役立てられています。

②農業委員会による新規就農者の支援

　農業委員会法第6条第2項では「農業の参入促進を含む農地利用の最適化の推進」（新規参入の促進）が農業委員会の必須事務の一つとして法定化されています。農業委員会では活動目標の中で、「新規参入の促進に係る目標」を設定することになっています。

　新規参入者が農地の借り入れ等を希望する場合にあっせんできるよう、農地所有者から貸し付けの内諾を得る農地面積を目標として設定します。目標面積は過去3カ年の各年度の農地の権利設定（権利移動を含む）面積の平均の1割以上となっており、貸し付けの内諾を得た農地は取りまとめて公表することになっています。

　農業委員・農地利用最適化推進委員には、**新規就農者が就農する際の農地取得を積極的に支援し、持続可能な農業と農村地域の維持・発展を実現する原動力となること**が求められています。

　新規就農支援は「農地の確保」にとどまらず、「技術の習得」「資金の確保」「機械・施設の確保」「住宅の確保」と広範囲にわたります。そのため、**農業委員会単独ではなく、市町村部局や普及指導センター、ＪＡなど関係機関との連携が必要**となります。

　関係機関との調整協議はもちろん、まずは「農業委員会としての新規就農の支援の戦略」を立ててみることが重要です。この場合の"戦略"は難しいものではなく、「地域や産地の実情に合った新規就農者の確保・育成・定着を進めるため、どのような支援が必要か」を明確にすることです。

その検討過程の中で、"戦略"に沿った新規就農希望者の募集や選考方法、活用できる支援メニューや支援の時期をはじめ、農業委員会として取り組むべき活動と役割がおのずと定まっていくと考えられます。

"戦略"をもとに農業委員会法に基づく「農地利用の最適化に向けた改善意見の提出」につなげていくことも検討すべきです。これにより、すでに新規就農者の受け入れ体制が整っている市町村でも、取り組みの充実と支援の強化に結びつけることができます。

「サポート体制」の整備

　農業委員会や普及指導センター、ＪＡ、金融機関などの関係機関に所属する者をはじめ、指導農業士等の関係者を構成員とするサポート体制を構築し、この中から平成29年度以降の新規の農業次世代人材投資資金交付対象者ごとに「農地」「経営・技術」「営農資金」の各課題に対応する専属担当者（サポートチーム）を選任して相談を受ける取り組みです。

　令和3年度以降に採択された交付対象者のサポートチームについては、新規就農者の農業経営、地域生活等の諸課題に対して適切な助言及び指導が可能な農業者を参画させることが必須となりました。

　農地の課題に対応する構成員やサポートチームとして積極的に参画し、新規就農者の定着に向けた相談活動を通じて農地のあっせんなどを図ることで、効果的な「農業の参入促進を含む農地利用の最適化の推進」につなげることができます。

就農支援の大きな流れ（独立就農の場合のポイント）

- ●就農支援戦略の明確化
- ●関係機関・支援者での共通理解

受け入れ準備段階のポイント
- ●支援体制や支援メニューを決める指針となる支援戦略を考える。
- ●研修の受け入れや農地などの経営資源を提供するのにふさわしい地域の農家を選定する。
- ●関係機関や研修受け入れ農家など支援者の間で共通理解を得る。

- ●就農希望者の募集
- ●マッチングと選考

選考段階のポイント
- ●就農希望者の募集に有効な地域の農家や先輩就農者からの情報発信を促す。
- ●就農支援方針や新規就農者が経営確立できる営農モデルを明確にしたうえでマッチングを実施する。
- ●新規就農者の選考基準を経営ビジョンや自己資金、労働力などの観点から十分に検討する。

- ●就農計画への助言
- ●効果的な研修プログラム
- ●農地などの取得と資金調達の支援、住宅確保への配慮

研修・就農準備段階のポイント
- ●地域の作付体系や経営指標をもとにした現実的な就農計画づくりを支援する。
- ●研修受け入れ農家との連携や実践研修圃場を整備するなどして、栽培技術や経営管理の知識を効果的に習得できる研修プログラムを作る。
- ●就農計画にあわせた条件の良い農地、施設・機械、資金の獲得を支援し、住宅の確保にも配慮する。

- ●地域への溶け込み支援、橋渡し役の確保
- ●経営成長を後押し

就農段階のポイント
- ●新規就農者と地域との橋渡し役をおき、地域の農家や住民と交流できるようにしてコミュニティーへの溶け込みを支援する。
- ●規模拡大や複合化などを後押しし、経営管理の充実を支援する。
- ●新規就農者同士のネットワーク化を促し、互いに助け合える場、次の新規就農者の受け皿となる場を作る。

出典：農研機構「新規就農指導支援ガイドブック」

（2）企業の農業参入の促進

　遊休農地の解消や農地の利用集積・集約化には、担い手の存在が不可欠です。**担い手が不足している地域では、企業を「新たなパートナー」に迎えて地域農業を活性化**することも重要な取り組みとなります。

　企業が農業参入する目的は、自社の商品や加工原材料の確保、労働力・既存の土地・施設の有効活用、新たな事業展開など多種多様です。企業はヒト、モノ、カネなどの経営資源を持っており、企業参入の推進は農産物の販路開拓や地域雇用の確保、地域資源の有効活用など地域振興と活性化に大きな効果が期待されます。

　農業参入の成功には、しっかりとした営農計画に加え、**「簡単には撤退しない」**という経営者の覚悟が必要です。こうした強い意志を持った企業を積極的に誘致して、**「地域計画」策定にむけた地域の話し合いの場で農業委員や推進委員から紹介**するなど、農地所有者などに広く理解を促し担い手として位置づけていく取り組みが重要です。

解除条件つき貸借（リース方式）を活用

　農地を所有するには「農地所有適格法人」（旧農業生産法人）の要件を満たす必要がありますが、企業などが農地を借りる方法としては「解除条件付き貸借」（農地法第3条第3項）があります。不適切に農地を利用した場合には、契約を解除して権利を戻すことができるので、**農地所有者も安心して貸し出すことができます。**また、売り上げに占める農業の割合や法人形態の制限等はなく、役員要件も「1人以上が農業に常時従事」すればよい等、**自由度が高い仕組み**になっています。

---

3 関係法令に基づく業務（農業委員会法 第6条第1項業務）

　農業委員会法第6条第1項では、関係法令に基づく事務と役割が決められています。農業委員・推進委員が関わる主な業務は次のとおりです。

1）農地法に基づく業務

（1）農地の権利移動の許可（第3条）

　農地の売買・貸借等による権利移動には農地法第3条の規定による**農業委員会の許可**が必要です。権利移動の許可申請書が提出されたら、審議の前までに農業委員や推進委員が必要に応じて現地調査を行います。その後、総会または部会で審議し、許可の可否を決定した上で、農業委員会事務局が許可の可否を申請者に通知します。

（2）農地転用の意見送付（第4条・第5条）

　農地を農地以外に転用する場合（第4条）、農地を買ったり借りたりして転用する場合（第5条）には、**農業委員会を経由して都道府県知事又は指定市町村長の許可**（4ha超は都道府県知事等と農林水産大臣との協議）が必要です。

　転用の許可申請書が提出されたら、審議の前までに農業委員や推進委員が必要に応じて現地調査を行います。その後、総会または部会で審議し、農業委員会（ネットワーク）の意見を聴取（30a超の場合は必須。30a以下でも意見聴取は可）した上で、農地転用許可基準からみた意見を決定して都道府県知事等に送付します。

（3）農地所有適格法人の要件確認と勧告（第6条）

　農地所有適格法人は毎事業年度の終了後3カ月以内に事業状況報告書を農業委員会に提出します。**農地所有適格法人の要件（①法人形態要件、②事業要件、③議決権要件、④役員要件）を満たしているかの確認に当たっては、農業委員・推進委員が必要に応じて当該法人の事務所等に立入調査を行います。**

　要件を満たさなくなるおそれがある場合は、その法人に総会または部会の決定に基づく「勧告」を行い、当該法人から所有する農地の譲渡の申出があったときは他の農業者に農地のあっせんを行います。

（4）農地の利用状況調査（第30条）

　農業委員・推進委員が**毎年8月頃、管内の全ての農地の利用状況を調査**します。まずは目視で確認し、遊休化している可能性のある農地はさらに詳しく確認を行い、記録します。

（5）遊休農地の所有者等への対応（第30条〜第42条）

　利用状況調査の結果等を踏まえ**遊休農地の所有者等に対する利用意向調査**を行い、農地中間管理機構等を活用して遊休農地の有効利用を図ります。

2）農業経営基盤強化促進法（基盤法）に基づく業務

（1）基本構想に対する意見（第6条）

　市町村が「農業経営基盤の強化の促進に関する基本的な構想（基本構想）」を**作成または変更する際に農業委員会や農協等の意見を聴く**ことになっており、農業委員会は総会または部会で基本構想（案）に対する意見を取りまとめます。

（2）目標地図の素案の作成および「地域計画」の策定・変更にあたっての意見の提出（第19・20条）

　市町村は農業者や農業委員会等関係者による「協議の場」を設けて、地域農業の将来の在り方を検討し、その結果を公表したうえで、「地域計画」（農地ごとに将来の受け手を特定した「目標地図」を含む）を定めます。

　農業委員会は市町村の求めに応じて、農地の出し手・受け手の意向等を踏まえて目標地図の元となる素案を作成します。

　市町村が「地域計画」を策定・変更するときは、あらかじめ農業委員会等関係者の意見を聴くことになっており、農業委員会は総会または部会で意見を取りまとめます。

（3）認定農業者等への利用権の設定等の促進（第16条）

　農業委員会は、認定農業者もしくは認定新規就農者から農地を借りたい等の申出があった場合には、「地域計画」の内容等を勘案して認定農業者等が農地を借りられる（または所有できる）よう、**農用地の利用関係の調整（農地の出し手と受け手の結びつけ）に努め**ます。

（4）農業委員会による利用権の設定等の促進等（第21・22条）

　農業委員会は、「地域計画」の達成に向けて、農地所有者等に農地中間管理機構への利用権設定を行うよう積極的に促します。

　農業委員会は、「地域計画」の区域内の農地所有者から農地の所有権移転のあっせんを受けたい旨の申出があり、「地域計画」の達成に向けた利用権設定が困難で農地中間管理機構による買入が必要であると認めるとき、市町村長に対して買入協議を行う旨の通知をするよう要請できます。

3）農地中間管理事業の推進に関する法律（機構法）に基づく業務

（1）農用地利用集積等促進計画（第18条第3項）

　農地中間管理機構は、農用地利用集積等促進計画を作成する際にあらかじめ**農業委員会の意見を聴く**とされています。農業委員会は、意見を求められたときは総会または部会で審議し、意見を決定します。

（2）農業委員会による農用地利用集積等促進計画の作成の要請（第18条第11・12項）

　農業委員会は農用地の利用促進を図るために必要と認めるとき、農用地利用集積等促進計画を定めるよう農地中間管理機構に要請できます。農地中間管理機構は要請を受けたとき、その内容を勘案して農用地利用集積等促進計画を定めることになっています。

４）農業振興地域の整備に関する法律（農振法）に基づく業務

農業振興地域整備計画に対する意見（農振法施行規則第３条の２）

　市町村は、農業振興地域整備計画を**策定または変更する際に農業委員会の意見を聴く**ことになっており、農業委員会は総会または部会での審議に基づき市町村に意見を提出します。

５）その他の法律に基づく業務

（1）土地改良法に基づく業務

事業参加資格者の認定

　農地法の許可等に基づき賃貸借等した農地の所有者が、土地改良事業に参加したい旨の申出を農業委員会に行い、**農業委員会が承認した場合は事業に参加**することができます。

交換分合計画の策定等

　農業委員会は、**農業者の請求等により交換分合計画を定める**ことができます。交換分合計画を定めたときは公告・縦覧するとともに、権利者に通知をします。これらの手続きを経た後、農業委員会は、交換分合計画について知事の認可を受けます。

　土地改良区が策定した交換分合計画を知事へ認可申請する場合は、農業委員会の同意を得て、その同意書を添付します。知事から意見を求められた場合は、農業委員会は意見の具申を行うことになっています。

（2）特定農山村法および農山漁村活性化法に基づく業務

　特定農山村法または農山漁村活性化法に基づき市町村が**所有権移転等促進計画を定めるときは農業委員会の決定**が必要です。

（3）農山漁村再生可能エネルギー法に基づく業務

　農山漁村再生可能エネルギー法に基づく農地転用の手続きに関して、市町村が**施設整備計画を策定**するにあたり、**都道府県知事と協議し、同意をしようとするときは農業委員会の意見を聴く**こととされています。また、計画市町村が指定市町村の場合は、当該市町村と農業委員会が直接協議を行います。

（４）特定農地貸付法に基づく業務

　市民農園の開設に当たり特定農地貸付けの承認の申請が行われた場合、農業委員会は、総会又は部会で審議し承認を決定します。

（５）市民農園整備促進法に基づく業務

　市民農園整備促進法では、市町村が**農園区域の指定および開設の認定**を行うにあたって農業委員会の決定が必要とされています。

（６）生産緑地法に基づく業務

　市町村長が生産緑地を農地として管理するために必要な助言を行ったり、**土地の交換のあっせんやその他の援助を行う場合に農業委員会が協力**をします。農業に従事することを希望する者が生産緑地を取得できるようにあっせんを行う場合においても農業委員会は協力することとされています。

（７）都市農地貸借円滑化法に基づく業務

　市区町村長は、**都市農地を借りて自ら耕作する者が作成する事業計画**について、要件を満たす場合には**農業委員会の決定を経て認定**します。また、特定都市農地貸付けを行う者（市民農園の開設者）は貸付規程等を農業委員会に承認申請し、その内容が要件を満たす場合、農業委員会は承認することとされています。

4 その他の業務(農業委員会法 第6条第3項業務)

　農業委員会は、法人化その他農業経営の合理化、農業一般に関する調査及び情報の提供を行うことができるとされています。

1）農業経営の合理化の支援

　農業委員会の最重要課題である農地等の利用の最適化は、担い手への農地利用の集積・集約化、遊休農地の発生防止・解消、新規参入の促進です。

　これを実現するためには、農地を集積する対象の農業者又は新規就農者の経営の改善、規模拡大等による経営の確立・発展を図ることが重要です。

　そのためには、農業委員会ネットワーク機構（都道府県農業会議、一般社団法人全国農業会議所）と連携し、農業経営の法人化、複式簿記の記帳や青色申告、農業者年金への加入推進などにより、農業経営の合理化に向けた取り組みを地道に支援する活動が不可欠です。

2）調査、情報の提供活動

（1）農業一般に関する調査活動

　農地等の利用の最適化を進めるためには、農地の賃借料の情報提供や、農作業料金・農業労賃、農地の売買価格等に関する調査をはじめ、地域農業の実態について把握することが重要となります。

　このため、農業一般に関する調査を実施することとなっており、委員は農業委員会事務局と役割分担を図りつつ、連携して調査活動を行うこととなります。

（2）農業者が必要とする情報の提供活動

　また、農業委員会として、農地制度や農地税制に関わる法令事務を的確に実施するとともに、国・都道府県等の支援施策等に関する情報を農業者や市町村民に広く提供することも農業委員会に期待される大きな役割です。

　農業委員会ネットワーク機構では、全国農業新聞、全国農業図書の刊行を通じて、農業者が必要とする情報の提供活動に取り組んでいます。

　市町村独自の「農業委員会だより」の発行とあわせて、より多くの農業者や市町村民に役立つ情報を届け、地域農業の振興につなげていくことが重要です。

5 日々の活動の記録と共有

1）最適化活動は日常活動から

　農地利用の最適化を実現するための活動（最適化活動）は多岐に及びます。最適化活動の多くは、農業委員・推進委員の日々の営農や暮らしとともに行われています。代表的なものは「**農地の見守り**」と「**農家への声掛け**」です。農地の見守りは農地利用の状況把握、農家への声掛けは今後の営農意向や後継者の状況把握につながっています。こうした状況把握は、地域をよく知り、地域からも知られている委員にしかできません。家から一歩外に出れば、今後の地域農業を考えるための情報が多く存在しています。「農地と人」の情報は何よりも大切だという意識を持って、農地の見守りや農家への声掛けに取り組んでください。

2）実施した活動は記録に残そう

　農地の見守りや農家への声掛けは実施して終わりではありません。ここで得た情報を農業委員会の関係者全員で共有する必要があります。農業委員会事務局は農家の悩みを解決する手段や支援制度を知っているかもしれません。他の地区を担当する委員は規模拡大したい担い手を知っている可能性があります。各委員が知った情報を次の段階に繋げるためには情報共有が不可欠なのです。

　そのため、**各委員が取り組んだ活動やそこで得た情報は必ず活動記録簿に記帳してください**。記録簿の全ての項目が埋まらなくても構いませんし、きれいに書くことが目的でもありません。大切なことは、活動したこと、分かったことを記録簿に残し、農業委員会で共有することです。

タブレットを使った活動記録

　令和5年4月からはタブレットを使って活動記録がつけられるようになりました。活動した内容等は選択肢から選んで入力できます。入力した内容は事務局でも確認できるため、情報共有が簡単にできるようになりました。

ワンデスクシステム

📋 メニュー　❓ マニュアル&FAQ　　　　　　　　　　　　　　⬆ ログアウト

活動記録簿入力

活動記録簿を入力する委員情報

委員の別　農業委員　　　　氏名　全国 一郎　　　　　[委員検索]

日付　　　　必須　　[2023/03/03　📅]

活動時間(分)　　任意　入力例「90」
　　　　　　　　　　　[　　　　　　　　　　　　　　　　]

場所　　　　任意　　◉ 未選択
　　　　　　　　　　　　○ 自宅
　　　　　　　　　　　　○ 訪問
　　　　　　　　　　　　○ 電話
　　　　　　　　　　　　○ 役場
　　　　　　　　　　　　○ 圃場
　　　　　　　　　　　　○ その他

項目　[項目選択]　[クリア]

　　大項目　任意

　　中項目　任意

　　小項目　任意

会議名　　任意　[　　　　　　　　　　　　　　　　]

活動相手

　　氏名　任意　[　　　　　　　　　　　　　　　　]

　　属性　任意　◉ 未選択
　　　　　　　　　　○ 出し手
　　　　　　　　　　○ 受け手
　　　　　　　　　　○ 関係機関
　　　　　　　　　　○ 参入希望者

　　該当の有無　任意　※受け手の場合は該当の有無を選択
　　　　　　　　　　◉ 未選択
　　　　　　　　　　○ 認定農業者
　　　　　　　　　　○ 認定新規就農者
　　　　　　　　　　○ 基本構想水準到達者
　　　　　　　　　　○ 集落営農経営
　　　　　　　　　　○ 該当なし

意向概要

　　　　　任意　※項目が「2担い手への農地の集積・集約化 - ①出し手・受け手の意向把握」の場合は意向概要を選択
　　　　　　　□ 売りたい
　　　　　　　□ 貸したい
　　　　　　　□ 農作業を委託したい
　　　　　　　□ 買いたい
　　　　　　　□ 借りたい
　　　　　　　□ 農作業を受託したい
　　　　　　　□ 新規参入したい

活動記録簿（紙様式）の記入例

農業委員会活動記録簿（ 8 月分）　　　　　　　氏名 農地 太郎

【記入例】道すがら荒れている農地がないか確認した場合

No.1

日時	8 月 10 日	活動時間		20 分	場所	自宅・訪問・電話・役場・㊙圃場・その他
項目 （大-中-小）	3 － ① －イ　その他詳細（　　　　　）				会議名	
活動の相手	氏名				属性	出し手・受け手・関係機関・参入希望者
	（受け手の場合）該当の有無		認定農業者・認定新規就農者・基本構想水準到達者・集落営農経営			
意向概要	売・貸・委・買・借・受・参・他				新規参入者情報	現地案内・出し手との立ち合い・関係機関紹介
	面積(a)		農地バンクの活用意向	有 ・ 無		面積(a)		希望作目	
詳細	自分の圃場に向かう途中、〇〇地区△△付近の圃場に異常がないことを確認した。					
活動成果	面積(a)		成果内容	受け手と出し手との合意・遊休農地解消・新規参入者への貸付同意・新規参入		
	（遊休農地解消の場合）方法		自ら耕作再開・農地バンクに貸付/売却・農地バンク以外に貸付/売却・農作業受委託・その他			
備考						

記帳する活動の例

活動	実施するとき	取り組まれている工夫
農地の見守り	・自分の圃場の行き帰り中 ・農地法許認可案件の現地調査に行く間 ・総会出席のための移動中 等	・圃場への道順を毎回変える ・高齢者の圃場は重点的に見守る ・鳥獣が侵入した形跡がないかよく確認する
農家への声掛け	・自分の圃場の行き帰り中 ・農作業の休憩中や終了後 ・畦道や軒先で会った際 ・他の会議や会合で会った際 等	・世間話に加え、経営や後継者の様子を聞く ・農作業が順調であるか聞く ・農地や経営で困っていることがないか聞く ・積雪地帯のため、電話で声掛けを実施する
戸別訪問	・回覧板を回す際 ・集落座談会への参加を呼びかける際 ・農業者年金や全国農業新聞の普及時 等	（農家への声掛けと同じ） ・ただし、じっくり話せる場合は経営の意向を詳しく聞く
打ち合わせ	・総会の終了後、事務局と打ち合わせや作戦会議を行う ・活動班の委員同士で月に 1 回は顔を合わせる 等	・各委員の把握した情報を共有する ・委員と事務局が毎月顔を合わせて記録簿の記載内容を確認する ・翌月の活動内容等を共有する

3）活動記録は毎日記帳しよう

活動記録簿はできるだけ毎日記帳するようにしてください。月に1回等とまとめて記帳しようとすると、活動した内容を忘れてしまいます。晩酌時や寝る前、風呂上がり等、記帳するタイミングを決めて、実施した活動、把握した情報を毎日書くことを習慣づけましょう。

どのように書けばよいか分からない場合や記帳方法に迷う場合は、早めに事務局に相談してください。書くのを先延ばしにすると、書くのがどんどん面倒になりますので、"活動記録の5か条（まみむめも）"を忘れないようにしてください。どうしても記帳の時間が取れない場合は、活動内容を手帳やノートにメモする等して活動した内容を忘れないための工夫をしましょう。

なお、日常活動も含めて農業委員・推進委員として

> **《活動記録の5か条（まみむめも）》**
>
> 「ま」 毎日書きましょう
>
> 「み」 見たこと聞いたことをすべて書きましょう
>
> 「む」 難しく考えずとにかく書きましょう
>
> 「め」 面倒くさいと感じる前に書きましょう
>
> 「も」 問題点は必ず事務局と共有しましょう

知り得た情報は農業委員会法に規定される「職務上知り得た秘密」に該当し、秘密保持義務が課されています。正当な理由なく農業委員会以外の人に知らせることはできませんので、情報の取り扱いに注意してください。

Ⅲ

「地域計画」の策定に向けた活動

Ⅲ 「地域計画」の策定に向けた活動

1 「地域計画」策定に向けて

　令和5年4月1日施行の改正農業経営基盤強化促進法によって、「人・農地プラン」が「地域計画」として同法に位置付けられました。

　最も大きな違いは、「地域計画」では、新たに10年後に目指す地域の農地利用を示した「目標地図」を作成する必要があることです。

　農業委員会はこの目標地図の素案を作成することとなっていますので、これまで以上に農業者等の意向把握を進めることが大切になります。

　なお、「地域計画」の作成には、令和5年4月1日から令和7年3月31日までの2年間で作成することになっています。

「地域計画」策定の意義とメリット

①地域農業の基本指針（県の基本方針、市町村の基本構想に連なるもの）となります。「地域」が今後の地域農業や農地利用をどうしたいのかという意思表明の機会です。守るべき農地を明確にする機会でもありますので、市町村等の関係機関とよく話し合いましょう。

②地域農業の置かれている状況を明らかにすることができます。関係機関と農業者の中で将来展望や危機意識を共有する機会になります。そのため担い手不足により将来展望が抱けない地域でこそ、「地域計画」が必要となります。

③国の補助事業との関連付けが進みます（位置付けられた経営体、対象地区への助成が重点化）。

> 「地域計画」に関連した補助事業は令和5年度に22が予定されています。
>
> **【主な中心経営体関連事業】**
> 農地利用効率化等支援交付金、集落営農活性化プロジェクト促進事業、担い手確保・経営強化支援事業、スーパーL資金、農業近代化資金、農地売買等支援事業、経営継承・発展等支援事業、経営発展支援事業
>
> **【主な対象地区関連事業】**
> 地域集積協力金、集約化奨励金、強い農業づくり総合支援交付金、農地耕作条件改善事業

1）「地域計画」策定に向けた農業委員会の役割

【「地域計画」の策定まで】
- ●市町村部局や関係機関との協議
  （役割分担や策定までのスケジュール
  等の確認と情報共有）
- ●農地の出し手・受け手の意向把握
  （アンケートや戸別訪問）
- ●現況図の最新化
- ●目標地図の素案作成
- ●地域での話し合いへの参加

【「地域計画」の策定後】
- ●農地バンクへの貸し付けの働きかけ
- ●計画に沿った利用調整・マッチング
- ●計画の随時見直しへの協力

2）タブレットを活用しましょう

【タブレットを使った意向把握から目標地図の素案作成までの流れ】
1　将来の農地の利用意向などをタブレットから入力します。
2　入力した情報は農業委員会サポートシステムに反映されます。
3　農業委員会サポートシステム上で意向等を反映したシミュレー
　　ションができ、そのまま目標地図の素案とすることもできます。

2 地域計画策定までのステップ

「地域計画」の策定は関係機関・団体等と協力して以下の5つのステップで進めていきましょう。

各ステップに応じた取り組みは「いつ頃」「誰が主体となって」進めるのか、事前に関係機関・団体で協議することが大切です。

> ステップ1　アンケートや戸別訪問による意向把握
>
> ステップ2　目標地図の素案の作成
>
> ステップ3　関係者による「協議の場」の設置
>
> ステップ4　「地域計画」の策定
>
> ステップ5　「地域計画」の実行

ステップ1　アンケートや戸別訪問による意向把握

地域の農地の現状や、所有者もしくは耕作者がどのような意向を持っているかを、アンケートや戸別訪問で把握しましょう。タブレットを活用すると効率的に進めることができます。

「人・農地プラン」の策定段階等で実施している場合は改めて行う必要はありません。

> 【アンケートで聞きたいこと】
>
> 1　年齢等の属性
>
> 2　今後の農業経営の意向
>
> 3　今後の農地利用の意向
>
> 4　農業後継者の有無

農業委員会サポートシステムから出力できる「**農業経営意向に関する調査票**」も活用してください。

農業経営意向に関する調査票

年　　　月　　　日

回答者氏名 ＿＿＿＿＿＿＿＿＿＿＿＿＿

回答者住所 ＿＿＿＿＿＿＿＿＿＿＿＿＿＿＿＿＿＿＿＿＿

Ⅰ. 農家/法人としての意向

【設問01】
今後の農業経営に関する意向を選択してください。
※回答必須

☐ ①規模拡大
☐ ②現状維持　　　→設問02～11は回答不要です
☐ ③規模縮小（離農も含む）
☐ ④経営移譲（移動先が決まっている）
☐ ⑤その他　　　　→設問02～11は回答不要です

【設問02】（【設問01】にて「①規模拡大」「③規模縮小（離農も含む）」「④経営移譲（移譲先が決まっている）」を選択した場合のみ）
選択された農業経営に関する意向について、その意向の実施時期の見込みを選択してください。※回答必須

☐ ①1年以内
☐ ②1年超3年以内
☐ ③3年超5年以内
☐ ④5年超10年以内

【設問03】（【設問01】にて「①規模拡大」「③規模縮小（離農も含む）」を選択した場合のみ）
現在経営されている農地面積から、どの程度経営規模の拡大（縮小）をされたいか
地目毎にha単位で記入してください。※回答必須

田	現在の経営より	ha	拡大／縮小	したい
畑：露地野菜・花き	現在の経営より	ha	拡大／縮小	したい
畑：施設野菜・花き	現在の経営より	ha	拡大／縮小	したい
畑：樹園地	現在の経営より	ha	拡大／縮小	したい
畑：その他	現在の経営より	ha	拡大／縮小	したい
有機栽培等	現在の経営より	ha	拡大／縮小	したい
その他（採草放牧地）	現在の経営より	ha	拡大／縮小	したい

【設問04】（【設問01】にて「①規模拡大」「③規模縮小（離農も含む）」を選択した場合のみ）
拡大（縮小）を希望される農地について、どのエリアに存在する農地を特に希望されるか選択してください。

☐ 市町村内　　　→設問05、06も可能であれば回答してください。
☐ 県内
☐ 県外

【設問05】（【設問01】にて「①規模拡大」、【設問04】にて「市町村内」を選択した場合のみ）
市町村内の耕作エリアとして追加を希望される農地の位置を選択してください。
※回答必須

　　□ 居住地周辺
　　□ 耕作する農地周辺

【設問06】（【設問01】にて「①規模拡大」、【設問04】にて「市町村内」を選択した場合のみ）
前問の市町村内の希望エリアで、現在の居住地（あるいは耕作農地）からの許容可能
な距離をkm単位で記入してください。

　　範囲（XKm以内）　　┌─────────────┐
　　　　　　　　　　　　└─────────────┘

【設問07】（【設問01】にて「①規模拡大」を選択した場合のみ）
経営農地を拡大するための方法について、希望される手段をすべて選択してください。
（複数回答可）※回答必須

　　□ 売買　　　　→設問08も可能であれば回答してください。
　　□ 賃貸借　　　→設問08も可能であれば回答してください。
　　□ 使用貸借
　　□ 経営の受託
　　□ 農作業の受託

【設問08】（【設問07】にて「売買」「賃貸借」を選択した場合のみ）
売買、賃貸借を希望される場合において、それぞれのおおよその希望価格を記入し
てください。（なるべく、範囲指定をせずに単一の概算数値で記入してください）

　　希望売買価格（円/10a）　┌─────────────┐
　　　　　　　　　　　　　　├─────────────┤
　　希望賃貸借価格（円/10a）└─────────────┘

【設問09】（【設問01】にて「③規模縮小（離農も含む）」を選択した場合のみ）
経営農地を縮小するための方法について、希望される手段をすべて選択してください。
（複数回答可）

　　□ 売買　　　　→設問10も可能であれば回答してください。
　　□ 賃貸借　　　→設問10も可能であれば回答してください。
　　□ 使用貸借
　　□ 経営の委託
　　□ 農作業の委託（集落営農組織への委託も含む）

【設問10】（【設問09】にて「売買」「賃貸借」を選択した場合のみ）
売買、賃貸借を希望される場合において、それぞれのおおよその希望価格を記入し
てください。（なるべく、範囲指定をせずに単一の概算数値で記入してください。物納
を希望される場合、物納希望の欄にその内容を、内容未定な場合は「希望」とのみ記入
してください。）

　　□ 希望売買価格（円/10a）　┌─────────────┐
　　　　　　　　　　　　　　　├─────────────┤
　　□ 希望賃貸借価格（円/10a）├─────────────┤
　　　　　　　　　　　　　　　├─────────────┤
　　□ 物納を希望する　　　　　└─────────────┘

【設問11】（【設問01】にて「①規模拡大」「③規模縮小（離農も含む）」を選択した場合のみ）
　農地の貸借や経営・農作業の受委託を希望される場合、その希望期間を選択してください。

　　□ ①５年未満
　　□ ②５年超10年未満
　　□ ③10年超20年未満
　　□ ④20年以上

【設問12】
　農業経営に関する後継者の有無について選択してください。※回答必須

　　□ ①有り・世帯員
　　□ ②有り・世帯外　　　→設問13も可能であれば回答してください。
　　□ ③無し

【設問13】（【設問12】にて「②有り・世帯外」を選択した場合のみ）
　世帯外に後継者がおられる場合は、その方の連絡先情報について差し支えない範囲で記入してください。

氏名	
住所	
生年月日	
所有者との関係	
電話番号	
メールアドレス	

【設問14】
　今後の農地利用の調整において、農地バンク（農地中間管理機構）による仲介を受けてもよいかどうか選択してください。※仲介を受けない場合、ご自身で農地の売買や貸借の調整を行っていただく必要があります。※回答必須

　　□ ①可
　　□ ②不可

【設問15】
　地域内の農地の集約に向けて、所有されている農地を同条件（あるいは評価額の差額補填の上）で別の農地と交換のご相談をさせていただいてよいかどうか、選択してください。※回答必須

　　□ ①可
　　□ ②不可

【設問16】
　所有されている農地について、新規就農者・企業参入への貸し付けのご相談をさせていただいてよいかどうか、選択してください。※回答必須

　　□ ①可
　　□ ②不可

【設問17】
　現在、農作業の一部（あるいは全部）を業者等に委託されているかどうかを選択してください。　※回答必須

　　□ ①農作業委託を利用していない（集落営農組織への委託も含む）
　　□ ②農作業委託を利用している　→設問18も回答してください。

【設問18】（【設問17】にて「②農作業委託を利用している」を選択した場合のみ）
　前問で農作業の一部（あるいは全部）を委託されている業者等の名前を記入してください。

　委託者名 ［　　　］

【設問19】
　ご回答されたご意向（別紙の農地毎のご意向含む）について、市町村外あるいは都道府県外の農地の利用調整のために、他の市町村あるいは都道府県へ連携してもよいかを選択してください。※回答必須

　　□ ①県内まで可
　　□ ②県外まで可

【設問20】
　農家／法人独自設問文

　　□ 農家／法人独自＿選択肢１−１
　　□ 農家／法人独自＿選択肢１−２
　　□ 農家／法人独自＿選択肢１−３

戸別訪問の優先順の確認

　戸別訪問を行う際は、離農を考えている人や規模縮小を考えている人、また、受け手として規模拡大を考えている人などから優先的に訪問し、情報収集しましょう。

　優先順は、地域の実情により異なりますので、事前に農業委員会事務局に相談しましょう。

参考にしてください　訪問の優先順の例

出し手となる見込みがある人
・高齢農業者（離農・規模縮小検討農業者）
・遊休農地所有者（利用意向調査にて把握可能）
・利用権の期間満了を迎える農地所有者　　など

受け手となる見込みがある人
・認定農業者
・後継者のいる農業者
・兼業農家で退職予定の人
・利用権の期間満了を迎える農地借受者　　など

このような場合は…

1 訪問したが、不在だった場合

　名刺の裏側等に以下の内容等を記載してポストに投函しましょう。
　　・意向調査のために訪問したこと
　　・次回の訪問予定日
　　・連絡先

2 農地所有者が遠方に住んでいる場合

　事務局にその旨を説明し、農業委員（農地利用最適化推進委員）と事務局が連携して以下のことを行いましょう。
　　・文書や電話により連絡する
　　・正月や盆など親族が実家に集まる際に訪問する

3 農地所有者等に説明したが「息子等に相談してみないと自分一人では決められない」と言われた場合

　息子さんなどの相談先の方に、こちらから直接説明することも可能である旨を提案しましょう。
　息子さんなどには、農業委員会から連絡がある旨を事前に伝えておいてもらうようにしましょう。
　※必要に応じて説明先となる相手方の連絡先を聞きましょう。

ステップ2　目標地図の素案の作成

　市町村は、「地域計画」を定めるにあたって、農業委員会に「目標地図（10年後に目指すべき農地の効率的・総合的な姿を明確化する地図）」の素案の作成を求めることができます。農業委員会は、以下の3点を勘案して素案を作成します。

　1　区域内の農用地の保有及び利用状況
　2　当該農用地を保有し、又は利用する者の農業上の利用の意向
　3　その他当該農用地の効率的かつ総合的な利用に資する情報

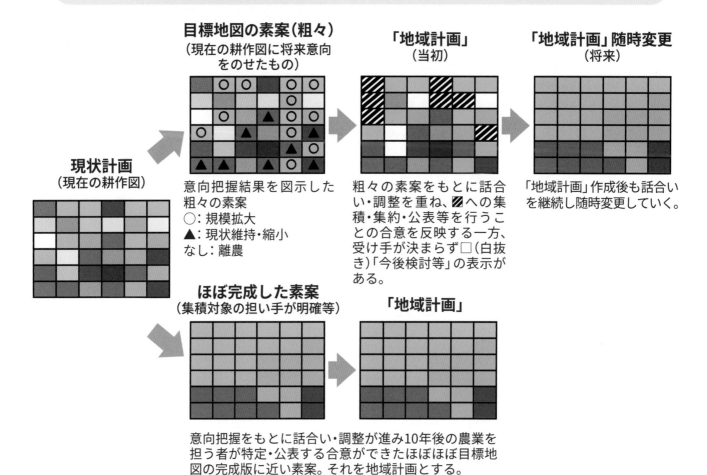

現状計画
（現在の耕作図）

目標地図の素案（粗々）
（現在の耕作図に将来意向をのせたもの）

意向把握結果を図示した粗々の素案
○：規模拡大
▲：現状維持・縮小
なし：離農

「地域計画」
（当初）

粗々の素案をもとに話合い・調整を重ね、▨への集積・集約・公表等を行うこととの合意を反映する一方、受け手が決まらず□（白抜き）「今後検討等」の表示がある。

「地域計画」随時変更
（将来）

「地域計画」作成後も話合いを継続し随時変更していく。

ほぼ完成した素案
（集積対象の担い手が明確等）

「地域計画」

意向把握をもとに話合い・調整が進み10年後の農業を担う者が特定・公表する合意ができたほぼほぼ目標地図の完成版に近い素案。それを地域計画とする。

農業委員会サポートシステムを活用しましょう

　農業委員会サポートシステムを使うことで目標地図の素案作成を効率的に進めることができます。以下の機能を積極的に活用してみましょう。

- 年代別、意向別、耕作者別等の地図の作成
- 把握した意向情報をもとに集積・集約のシミュレーション（目標地図の素案のシミュレーション）が可能
  ※右図：規模縮小を希望する農家の農地を規模拡大したい農家に集積する場合のシミュレーション
- 「今後検討」や「新規就農」等のエリア指定

規模拡大したい農家

シミュレーション前
（耕作者で色分け）

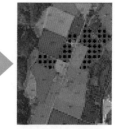

シミュレーション後
（水玉模様が集積された農地）

ステップ3 関係者による「協議の場」の設置

　人・農地プランの実質化にあたって実施してきた「地域の話し合いの場」が基本となります。幅広い関係者に呼びかけ、地域農業の将来について話し合う「協議の場」を設けましょう。

話し合いを円滑にするため、ホップ、ステップ、ジャンプの
3段階で進めていきましょう。

ホップ

現状の把握、情報の共有

ステップ2で作成した目標地図の素案を踏まえ、参加者同士で情報を共有しましょう。

ステップ

10年後の地域農業の在り方を語る・決める

10年後の地域農業の方針を具体的に固め、目標地図を作成します。

ジャンプ

ステップで決めた理想へ向かう手段を決める

理想を実現するための具体的な手段を決めていきます。

■ 話し合いのいろいろ　地域の状況に合わせて話し合いの方法を考えましょう

対話型説明会方式
（プレゼンテーション方式）

● あらかじめ計画案が固まっている地域向け（担い手が十分いる、比較的多い場合）

● 計画案を説明し、参加者同士で意見交換をする

合意形成型話し合い方式
（ワークショップ方式）

● 話し合いの土台がなく、ゼロから計画を作る地域向け（担い手がいても少数、ほとんどいない場合）

● 参加者全員でアイデアを出し合って、方針を固めていく

■ 農業委員・推進委員は、話し合いのコーディネーター役です

コーディネーター役には、話し合いの進行、盛り上げ、欠席者の農地利用の意向等の情報提供、制度・支援措置の説明・助言等が期待されます。

　●市町村農政担当課　●農地中間管理機構
　●県農林事務所・農業改良普及センター　● JA　●土地改良区

などの関係機関と協力して、地域の意見をまとめていきましょう。

「話しやすい雰囲気づくり」が重要です。
詳しくは全国農業図書ブックレット「改訂版 地域（集落）の未来設計図を描こう！（R02-30）」「全員が発言する座談会が未来の地域（集落）をつくる（R02-31）」をご覧ください。

（R02-30）（R02-31）

ステップ４ 「地域計画」の策定

「地域計画」は、主に次の内容を記載する必要があります。ステップ３の段階で、これらについてよく協議しておきましょう。

1 地域における農業の将来の在り方
- 「地域計画」の区域の状況
- 地域農業の現状と課題
- 地域における農業の将来の在り方（作物の生産や栽培方法については、必須記載事項）

2 農業の将来の在り方に向けた農用地の効的かつ総合的な利用に関する目標
- 農用地の効率的かつ総合的な利用に関する方針
- 担い手（効率的かつ安定的な経営を営む者）に対する農用地の集積に関する目標
- 農用地の集団化（集約化）に関する目標

3 農業者及び区域内の関係者が２の目標を達成するためにとるべき必要な措置（必須項目）
- 農用地の集積、集団化の取組
- 農地中間管理機構の活用方法
- 基盤整備事業への取組
- 多様な経営体の確保・育成の取組
- 農業協同組合等の農業支援サービス事業体等への農作業委託の取組

4 地域内の農業を担う者一覧（目標地図に位置付ける者）

5 農業サービス支援事業体一覧（任意記載事項）

6 目標地図

農林水産省のホームページでは、「地域計画策定マニュアル」を公開しています。「地域計画」の記載例も掲載されているので参考にして下さい。
https://www.maff.go.jp/j/keiei/koukai/chiiki_keikaku.html

ステップ5 　「地域計画」の実行

積極的に農地中間管理機構の活用を促しましょう

　農業経営基盤強化促進法等の改正によって、市町村が定める「農用地利用集積計画」と農地中間管理機構が定める「農用地利用配分計画」が統合し、「農用地利用集積等促進計画」に一本化されました。

　また、農業委員会は、農地所有者等に農地中間管理機構の貸し付けを促進することされました（基盤法第21条第1項）。

　今後は、市町村、農業委員会、農地中間管理機構が一体となって「地域計画」の達成に向けて取り組んでいくことになります。

改正前
農用地利用配分計画

農地バンクが農地の出し手から農地を借り受け、受け手を公募した上で貸し付けを行う。

農地の貸借の企画・実施は農地バンクが行います

農地バンク

出し手　　受け手

改正後
農用地利用集積等促進計画

市町村・農業委員会・農地バンクなど関係機関が一体となって「目標地図」を作成する。

目標地図の達成に向けて、農業委員会の要請等を踏まえて計画案を作成する（農地バンクによる借受公募はない）。

協力して農地の集積・集約に取り組みます

農業委員会　農地バンク　市町村

農地の利用調整の流れ

　「地域計画」の推進は、多くの関係機関が一体となって行うことで大きな成果を生みます。関係機関との協議の場は定期的に設け、情報を共有し、具体的なマッチングの優先順位やスケジュール、役割分担等について話し合いましょう。話し合った方向性をもとに、農地の利用調整を進めていきます。

> **将来の農地の出し手・受け手が目標地図に位置づけられます。**
> **※定期的に関係者の協議の場を設け、随時目標地図を見直していきます。**

> **農業委員会は目標地図の達成に向けて、農地の集約化を意識しながら、出し手・受け手に農地中間管理機構の活用を促しましょう。**

> **農地中間管理機構は、農業委員会が把握した農地の出し手・受け手の意向等を踏まえて、貸借の期間、借賃、借賃の支払方法等の諸条件について調整を行います。**

> **農地中間管理機構は、都道府県知事の認可・公告を経て、受け手に対して農地を貸し付けます。**

MEMO

MEMO

3訂
農業委員・推進委員活動マニュアル

令和5年5月発行　　　　　　　　定価660円（本体価格600円＋税）

編集・発行　全国農業委員会ネットワーク機構
一般社団法人　全国農業会議所

〒102-0084 東京都千代田区二番町9-8
（中央労働基準協会ビル2階）
電話 03（6910）1131
全国農業図書コード　R05－07

農と食の明日を築く
全国 農業 図書

お申し込みは
都道府県農業会議へ
https://www.nca.or.jp/tosho/

農業委員・推進委員 関係図書のご案内

2023年度　農業委員会業務必携 〜付：農委活動事例〜

R05-10
定価1,490円（税込）
※2023年7月刊行予定

　最重要用必携図書として毎年度刊行する農業委員・推進委員必読の書籍。
（画像は2022年度版）

2023年 農業委員会活動記録セット

R04-27
定価530円（税込）

　記録簿と相談カードのセット。2023年版では「農地利用の最適化活動の記録メモ」を新たに追加。

2023年 農業委員会手帳

R04-35A（農業委員用）
R04-35B（農地利用最適化推進委員用）
定価640円（税込）
（※2023年7月から半額に値引）

　見開き1週間、前年12月始まりのダイアリーに農業委員会活動の予定と結果を記入できます。

2023年度版 農家相談の手引

R05-14
定価850円（税込）
※2023年8月刊行予定

　農業者から相談を受ける際に制度や施策の要点について説明するために活用できる資料集です。
（画像は2022年度版）

農業委員会研修テキスト1 農業委員会制度　第6版

R05-16 定価390円（税込）
※2023年6月刊行予定

　農業委員会制度の概要と農業委員・農地利用最適化推進委員・農業委員会の業務について説明。（画像は第5版）

農業委員会研修テキスト2 農地法　第6版

R05-17 定価480円（税込）
※2023年6月刊行予定

　農地制度の概要、農地法にもとづく農業委員会・農業委員等の業務について説明。
（画像は第5版）

農業委員会研修テキスト3 農地関連法制度　第4版

R05-18 定価330円（税込）
※2023年6月刊行予定

　農地法に関連する基盤法、中間管理法、農振法などについて説明。
（画像は第3版）